¿Por Qué No Me Quieren?

FÁBULAS ZERI
"Para nunca dejar de soñar"

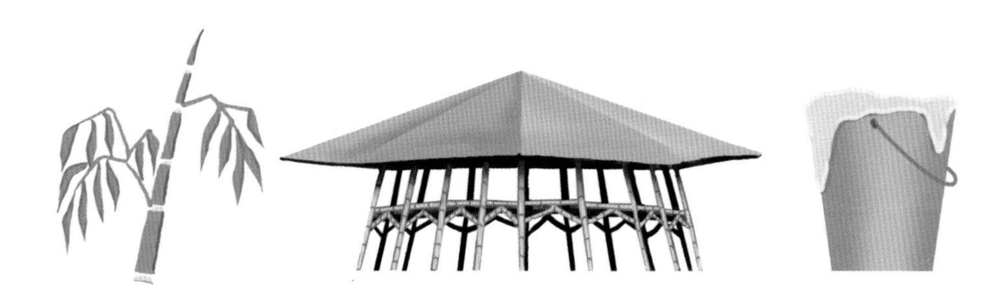

Why Don'T They Like Me?

ZERI FABLES
"To never stop dreaming"

Gunter Pauli

Autor y diseñador del sistema pedagógico:
Gunter Pauli

Fábula inspirada en:
Luis Miguel Álvarez

Comité editorial:
Presbítero Porfirio Lopera Gil
Padre Leopoldo Peláez Arbeláez
Monseñor Ignacio Gómez Aristizábal
Monseñor Héctor Fabio Henao
Jaime Betancur Cuartas
Luis Carlos Muñoz Franco
María Rosalía Torres Rubiano
Eduardo Aldana Valdés
Francisco Ochoa Palacios
Juan Daniel Galán Sarmiento
Richard Aufdereggen Ritz
Héctor Manuel Jaimes Durán
Silvia Montealegre de Gutiérrez

Dirección editorial:
Alberto Palomino Torres

Edición:
Marcela Ramírez-Aza

Traducción:
Melissa Laverde Ramírez
Fabián Perdomo Delgado

Revisión de estilo:
Lynne Carter, AED
James F. McMillan

Diseño y diagramación:
Sandra Palomino Aguirre
Pamela Salazar Ocampo

Ilustración:
Pamela Salazar Ocampo
en colaboración con:
Santiago Mejía Ocampo

Ilustración de inspiradores:
Fabián Perdomo Delgado

Complementos:
Victoria E. Rodríguez Gómez

e-mail: info@zeri.org
Página web: www.zeri.org

Editores:
Fundación Hogares Juveniles Campesinos
Carretera Central del Norte km 18 Bogotá, D.C, Colombia
Tels.: (571) 6761666, 3481690/91/92 Fax: (571) 6761185
e-mail: fundacion@hogaresjuvenilescampesinos.org
Página web: www.hogaresjuvenilescampesinos.org

Sociedad de San Pablo
Carrera 46 No.22A - 90 Bogotá, D.C, Colombia
Tels.: (571) 3682099 Fax: 2444383
e-mail: editorial@sanpablo.com.co
Página web: www.sanpablo.com.co

ISBN obra completa: 958692774-1
ISBN *¿Por qué no me quieren?*: 958692828-4

1a. edición 2006
Queda hecho el depósito legal según ley 44 de 1993 y Decreto 460 de 1995

Este producto editorial ha sido posible gracias a la especial colaboración de la Universidad Autónoma de Manizales y del PNUD Colombia (Programa de las Naciones Unidas para el Desarrollo).

Taller San Pablo - Bogotá
Impreso en Colombia - Printed in Colombia

CONTENIDO

CONTENT

Un bambú está triste y llorando. Un arboloco (una planta de girasol con la apariencia de árbol) se acerca y se detiene.

—¿Cuál es el problema? —pregunta el señor Arboloco.

—¡Nadie me quiere! —se queja el bambú después de una corta pausa.

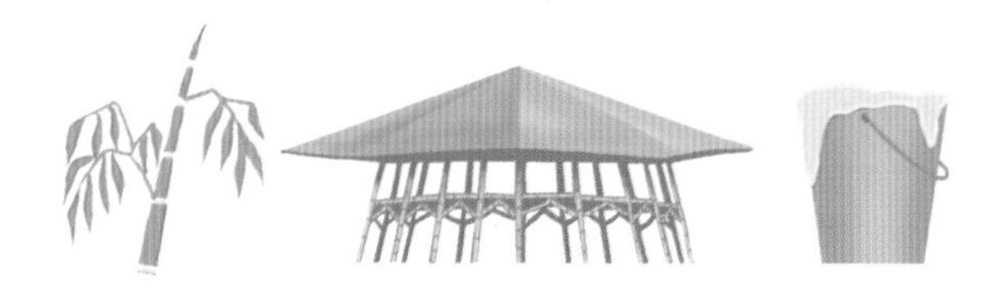

A bamboo plant is sad and crying. An arboloco (a sunflower that looks like a tree) comes by and stops.

"What is wrong?" asks Mr. Arboloco.

"No one wants me!" snivels the bamboo after a short pause.

¿Cuál es el problema?

What is wrong?

Las personas pobres alrededor del mundo construyen sus casas con usted

Poor people a round the world build houses with you

—No entiendo. Todas las personas pobres alrededor del mundo construyen sus casas con usted —lo consuela el señor Arboloco.

—Sí, pero en cuanto consiguen dinero, no me quieren más.

—¿Por qué no lo quieren más?

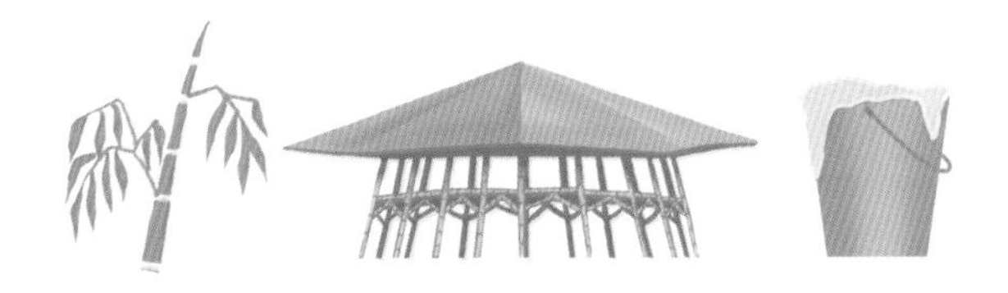

"I do not understand. Poor people a round the world build houses with you" comforts Mr. Arboloco.

"Yes, but as soon as they have money, they don't want me anymore".

"Why don't they want you anymore?"

—La gente prefiere el acero y el cemento. Ellos son feos, se ven sucios y son pesados.

—Eso no está del todo mal, pero tiene razón, cuando la tierra tiembla, los bloques de concreto pueden herir gravemente a la gente.

—Nadie saldría herido si su casa estuviera hecha de bambú.

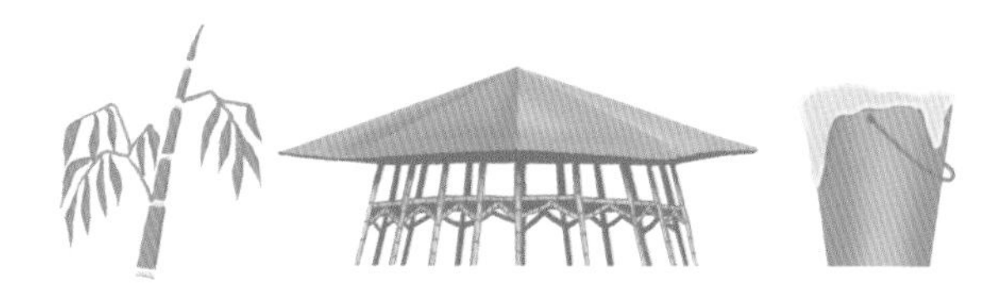

"People prefer steel and cement. They are ugly, they look dirty, and they are heavy".

"It is not so bad, but you are right, when the earth shakes, concrete blocks can hurt people badly".

"No one would be hurt if their house were made of bamboo".

Nadie saldría herido si su casa estuviera hecha de bambú

No one would be hurt if their house were made of bamboo

¿Por qué no construimos una casa que use lo mejor de ustedes tres?

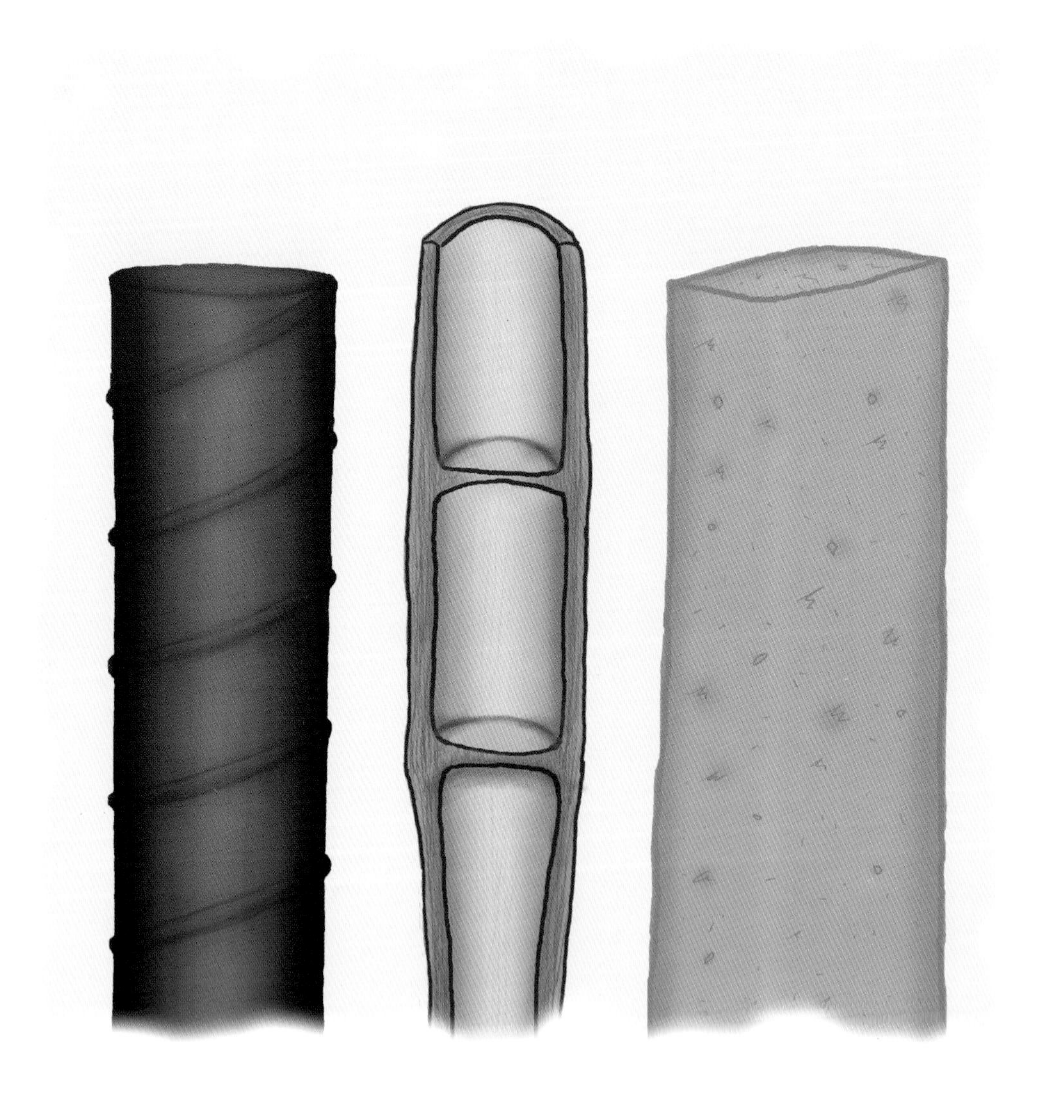

Why don't we build a house that uses the best of all three of you?

—Pero si la gente quiere acero y cemento, ¿por qué no construimos una casa que use lo mejor de ustedes tres?

—¿Cómo se le ocurre? ¡El cemento no puede hacer nada por mí! Ha tomado mi lugar —grita el bambú.

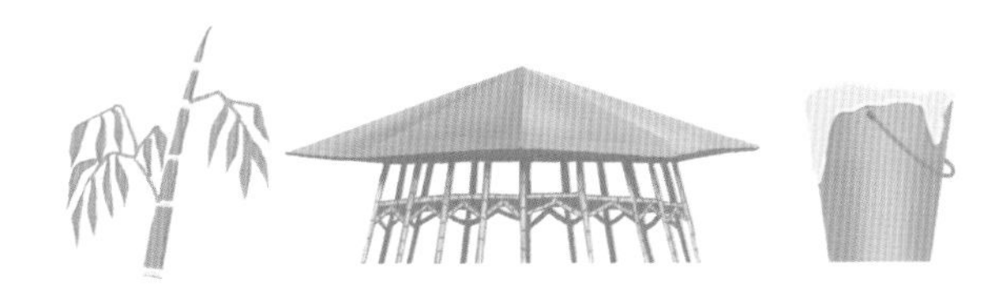

"But if the people want steel and cement, why don't we build a house that uses the best of all three of you?"

"How do you dare? Cement can do nothing for me! It has taken my place", screams the bamboo.

—¿Quién dijo eso? Aquí haré un pequeño hoyo donde dos piezas de bambú se unen y lo llenaré de cemento... apuesto a que será más fuerte que el acero.

—No me parece buena idea. Eso me haría daño.

—Sólo hágalo como le digo, créame, el cemento puede hacerle mucho bien.

—¿Cómo lo sabe?

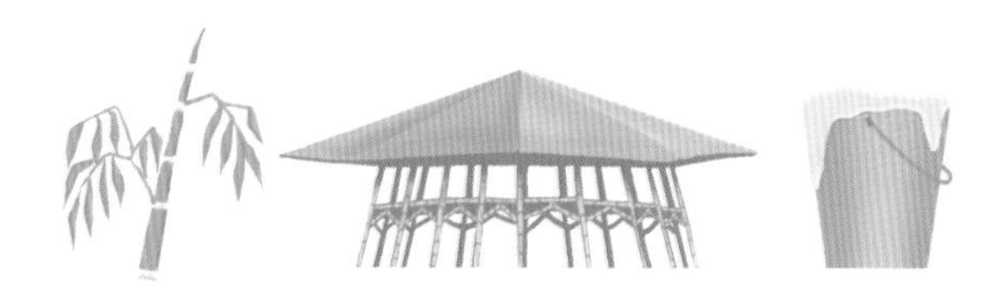

"Who said so? Here, I will make a little hole where two bamboo pieces join together and fill it with cement ... I bet this will be stronger than steel".

"I do not like that. It is going to hurt me".

"Just do as I say, trust me, cement can be good, even for you".

"How do you know?"

Créame, el cemento
puede hacerle mucho bien

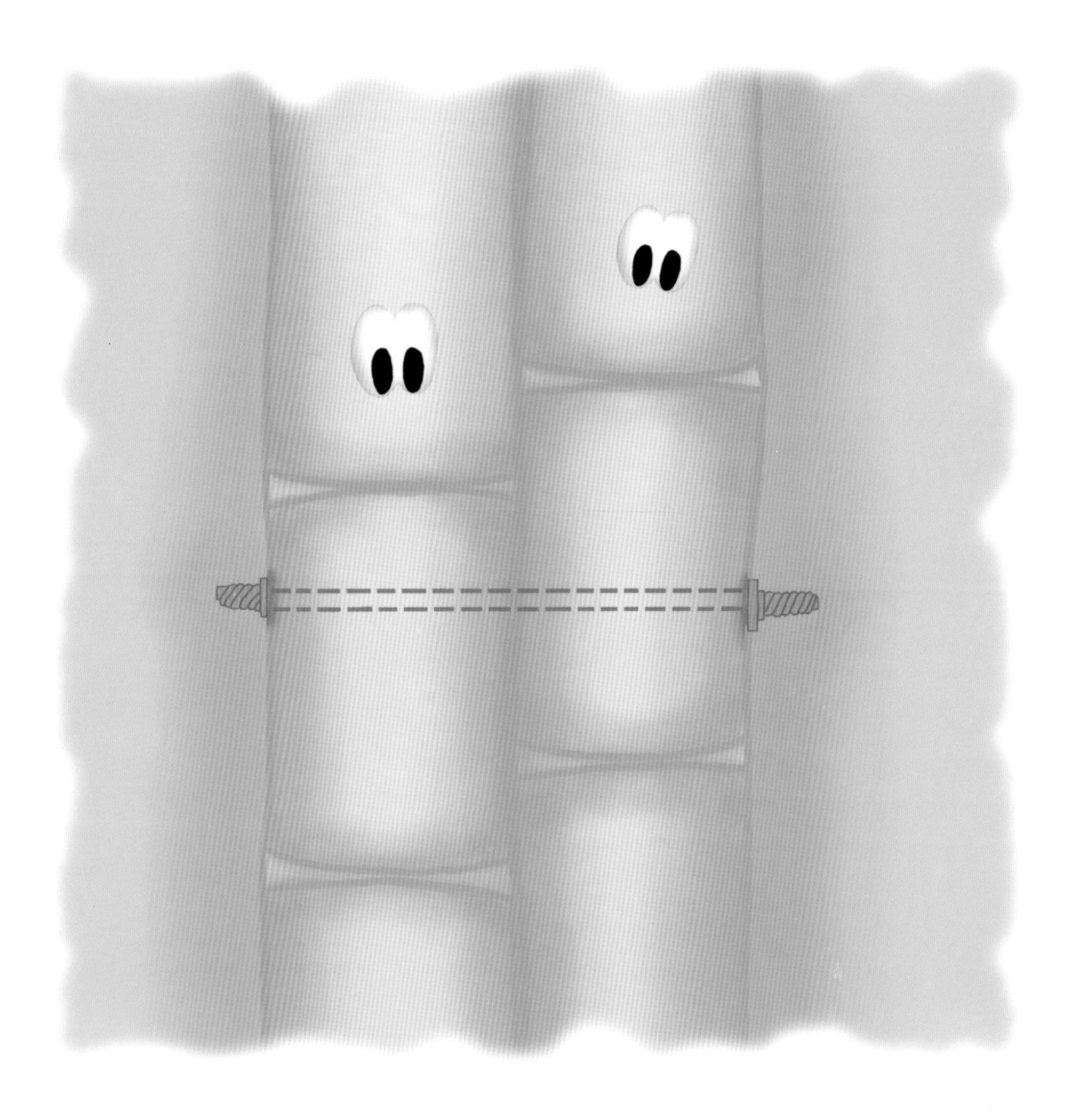

Trust me, cement can be good,
even for you

Hacen una buena unión

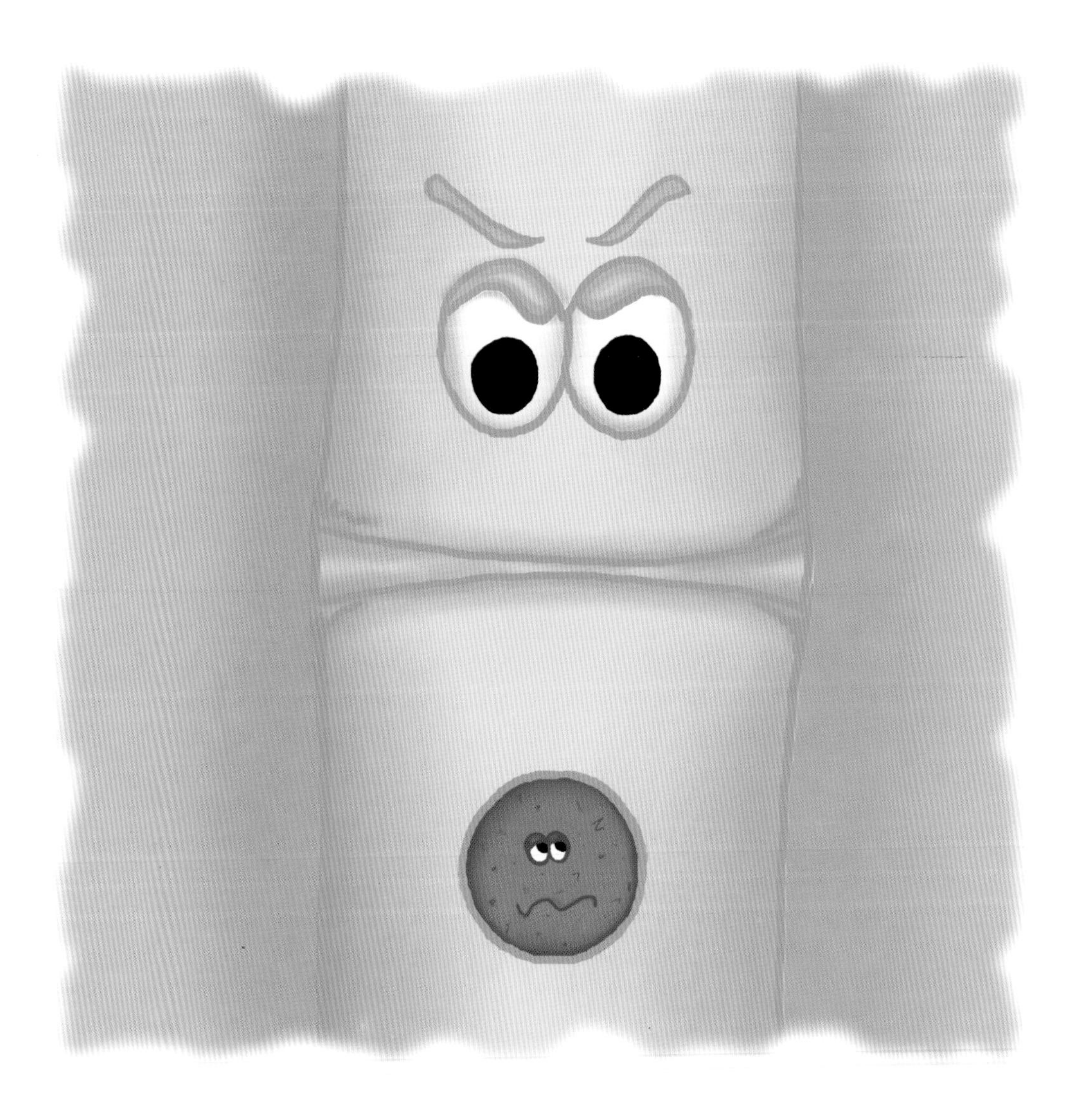

They make a good joint

Viendo lo mejor de los dos. Hacen una buena unión.

Cuando el cemento se secó dentro del bambú, fue comprobado:

—Estupendo. Gracias a un poco de cemento, soy ahora aún más fuerte que el cemento solo.

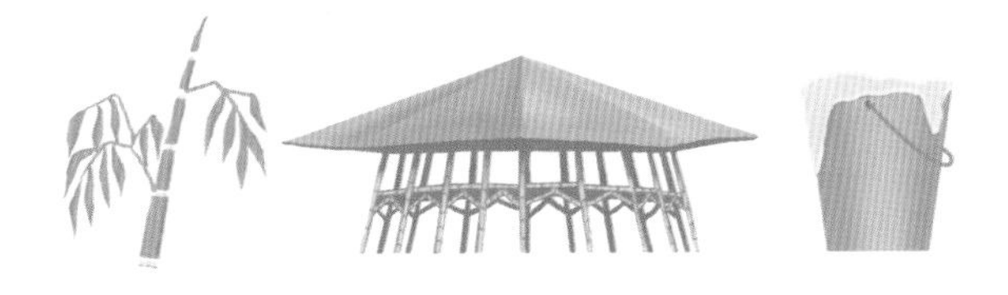

By looking at the best of both. And so they make a good joint.

When the cement dried inside the bamboo, it was tested:

"Great. Thanks to a little bit of cement, I am now even stronger than cement alone".

—El cemento es bueno, pero cemento más bambú es mejor.

—¿Tal vez yo pueda ayudar al cemento a ser mejor de alguna forma?

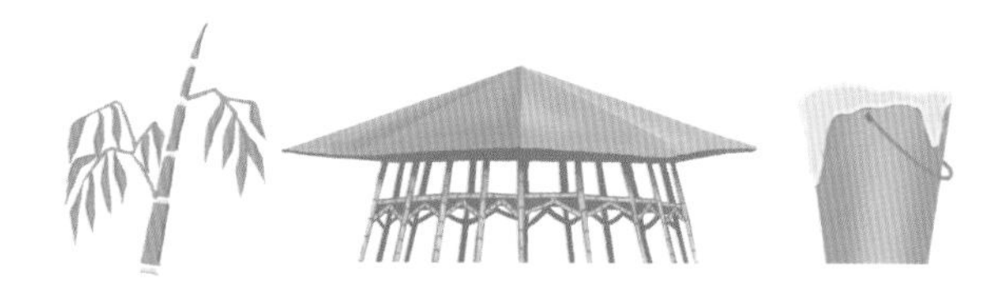

"Cement is good, but cement plus bamboo is better".

"Perhaps I can help cement to be better somehow?"

¿Tal vez yo pueda ayudar al cemento a ser mejor de alguna forma?

Perhaps i can help cement to be better somehow?

Es muy posible

It's very possible

—Con sus fibras tan fuertes y largas, es muy posible.

—Y podría tomar el lugar del asbesto, el cual hace que las personas se enfermen.

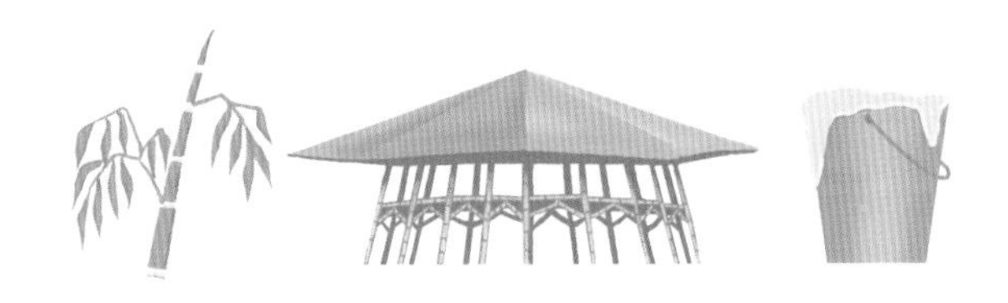

"With such long and strong fibers, it's very possible".

"I could take the place of asbestos which makes people sick".

—El cemento necesita de usted y usted necesita al cemento y juntos tienen el poder de ser mejores.

—¡Ahora la gente ambiciona tener más bambú, me plantan, me quieren!

Juntos podemos hacer que mucha gente que no tiene casa ahora sea feliz.

... ¡Y ÉSTE ES SÓLO EL COMIENZO! ...

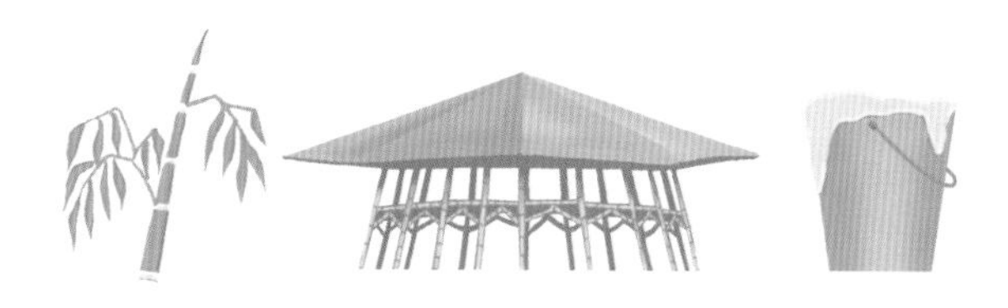

"Cement needs you, you need cement, and together you have the power to be your best".

"Now people want to have more bamboo, they plant me, they like me!

Together we can make many people who have no home now happy".

... AND IT HAS ONLY JUST BEGUN! ...

... ¡y éste es sólo el comienzo! ...

... and it has only just begun! ...

¿Sabías que... Did you know that...

Un arquitecto colombiano, Simón Vélez Jaramillo, de Manizales, Caldas, tuvo la idea de construir el Pabellón ZERI? Se encuentra en el Recinto del Pensamiento del Comité Departamental de Cafeteros de Caldas, en Manizales, Colombia y otra versión, estuvo en Alemania para la Exposición Mundial del año 2000. Los materiales utilizados para construir la estructura fueron: madera, guadua (un pasto), aliso (un árbol), arboloco (un girasol) y chusque (un bambú). Todas son plantas que crecen en el Eje Cafetero. Los cuatro materiales principales de la construcción son: (1) especies de plantas, complementados con: (2) acero (3) cemento, e (4) ingenio humano.

A Colombian architect, Simon Velez Jaramillo, from Manizales, Caldas, Colombia, had the idea of building the ZERI pavilion? It's located in the "Recinto del Pensamiento" of the Deparment Comittee of Caldas' Coffee Growers in Manizales, Colombia; and another version, was in Germany for the World Expo of the Year 2000. The materials used to build the structure include: wood, guadua (a grass), aliso (a tree), arboloco (a sunflower), and chusque (a type of bamboo). They are all plants that grow in the coffee-harvesting region of the world. The four principle materials of the construction are: (1) plant species, complemented with (2) steel and (3) cement, and (4) human ingenuity.

¿De la misma forma que el hombre cultiva sus alimentos, puede cultivar las plantas que un día serán su casa?

Just as man harvests his food, one day he can harvest a grass that will be the material for him to build his home?

Los rizomas de la guadua (tallos subterráneos con raíces) son fuertes y abundantes, forman, además, un sistema que amarra el suelo y evita la erosión en terrenos de ladera?

Guadua's rhizomes (underground stems with roots) are strong and abundant, forming a system that binds the soil and helps to avoid erosion on hillsides?

La guadua tiene gran capacidad para soportar alto esfuerzo de compresión, tracción y es muy flexible?

Guadua has great strength, a great capacity to withstand high compression and traction, and is very flexible?

Los suelos formados con cenizas volcánicas son apropiados para el cultivo de la guadua?

Land that is volcanic in origin is appropriate for guadua planting?

La guadua pertenece a la familia *grasmuur*? Cuando se corta vuelve a crecer y es considerada el pasto más grande del mundo.

Guadua belongs to the *grasmuur* family? When it is cut it grows back again; and it is considered the world's largest grass.

El arboloco es originario de los bosques andinos de Colombia y Venezuela? Es una madera dura y resistente. Se ha denominado el mangle de tierra templada, puesto que se puede usar en vigas y soportes para construcción; también como postes (horcones) en la elaboración de cercas y para el tendido de redes de telefonía y electricidad.

The plant arboloco originated in the Colombian and Venezuelan Andean forest? Its stem is a hard and resistant material. It has been called the warm land's maple, because it can be used in beams that support construction, as well as poles for fences, and for telephone and electric poles.

La médula del arboloco posee una consistencia similar al corcho o a las espumas, por su color claro, poco peso y facilidad de manejo? Se emplea para la elaboración de artesanías y juguetes infantiles.

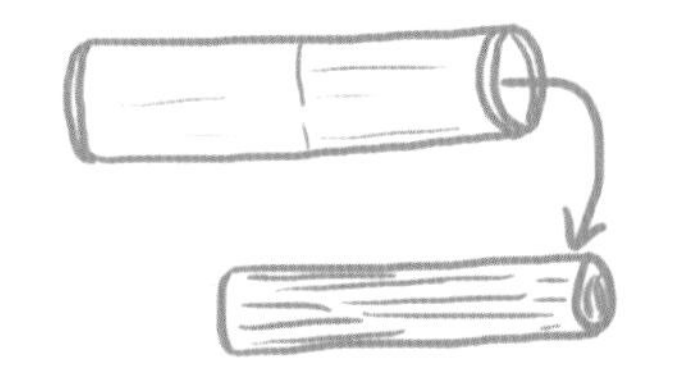

The substance inside of the arboloco's stem (like marrow in the bone) has a consistence similar to cork or foam, it is light colored, lightweight, and easy to handle? It is used to make handcrafts and children's toys.

Un arboloco adulto forma varios millones de semillas cada año?

An adult arboloco produces several million seeds each year?

Piensa sobre... Think about it...

¿Por qué crees que la gente prefiere el acero y el concreto para construir sus casas?

Why do you think people prefer steel and concrete to build their houses?

¿Crees que es buena idea la del arboloco, de hacer un agujero en el bambú para llenarlo con concreto?

Do you think arboloco's idea about making a hole in the bamboo to fill it with concrete was a good one?

¿Cómo crees que se siente el bambú sabiendo que la gente lo quiere y que van a sembrarlo?

How do you think bamboo feels about knowing that people want him and that they're now going to plant more of him?

¿Por qué crees que el bambú cambió de opinión acerca del concreto?

Why do you think that the bamboo changed its mind?

¡Hazlo tú mismo! Do it yourself!

Con la ayuda de un adulto, elabora un portalápiz. Necesitas una pieza pequeña de bambú, córtala por el nudo, para que la utilices como base, en la parte superior, córtala antes del nudo, para que quede vacía en su interior.

Dile a alguien que te ayude a lijar el bambú. Cuando esté liso, aplícale unas capas de cera o de aceite de ricino, para que se proteja y quede con un acabado brillante.

Ahora utiliza tu pieza de bambú para poner los lápices, los colores, las crayolas o para poner adornos, como flores de papel.

Esta práctica te sirve para conocer un poco acerca del material y para darte cuenta de su nobleza y facilidad de manipulación.

With an adult's help, create a pencil carrier. You need a little piece of bamboo, cut by it's knot, to be used as a base; and on the top, cut before the knot, so it will be empty inside.

Ask someone to help you sand the bamboo down. When it is ready, apply a few layers of wax or resin-oil to protect it and to give it a shiny finish.

Now use your bamboo holder for pencils, colored pencils, crayons, or just adornments, like paper flowers.

This exercise allows you to know a little bit about the material, and to notice its goodness and how easy it is to handle and work with.

Conocimiento Académico

BIOLOGÍA	(1) La diferencia entre árboles (pino), hierbas (bambú), y girasoles (arboloco). (2) El rol de las fibras y su composición.
QUÍMICA	(1) El ciclo del carbón en la Tierra. (2) ¿Cómo capturan las plantas el CO_2? (3) ¿Cómo mezclar sustancias orgánicas e inorgánicas? (4) Los asbestos como fibra mineral y sus substitutos.
FÍSICA	(1) El rol de la temperatura y la presión. (2) Fuerza de estiramiento y compresión. (3) Conexiones entre bambúes que trabajan con la fuerza interna del vacío.
INGENIERÍA	(1) Fabricación de "fibra cemento". (2) Combinación de acero, cemento y materiales de madera. (3) Peso y fuerza estructural.
ECONOMÍA	Innovación basada en recursos locales disponibles.
ÉTICA	(1) El derecho a un hogar. (2) Vivir con comunidades de personas diferentes y enfocarse en lo mejor de ambos mundos. (3) ¿Cómo puede la industria continuar la minería y la producción de materiales basados en asbestos?
HISTORIA	La introducción de los materiales industrializados de construcción.
GEOGRAFÍA	Zonas de terremotos en el mundo.
MATEMÁTICAS	(1) Seno, coseno. (2) Tangente y la integración requerida en la construcción.
ESTILO DE VIDA	Vivienda en concreto reforzado o vivienda con materiales naturales de construcción.
SOCIOLOGÍA	(1) Imitando a los ricos. (2) La tolerancia hacia diferentes estilos de vida como la homosexualidad.
PSICOLOGÍA	(1) ¿Cuáles son los símbolos de la pobreza en la mente del pobre. (2) El poder de ser su propio jefe. (3) Aceptar las diferencias.
SISTEMAS	(1) Los sistemas naturales son capaces de responder a sus necesidades básicas. (2) ¿Cómo usar materiales naturales renovables de manera sostenible?

Academic Knowledge

BIOLOGY	(1) The difference between trees (e.g., pine), grasses (bamboo), and sunflowers (arboloco). (2) The role of fiber and its composition.
CHEMISTRY	(1) The carbon cycle on Earth. (2) How do plants fix CO_2? (3) How to mix organic and inorganic substances? (4) Asbestos as a mineral fiber and its substitutes.
PHYSICS	(1) The role of temperature and pressure. (2) Tensile and compression strength. (3) Joints working with the inner strength of the empty bamboo.
ENGINEERING	(1) The making of fiber cement. (2) Combining steel, cement, and wooden materials. (3) Weight and structural strength.
ECONOMICS	Innovation based on locally available resources.
ETHICS	(1) The right to a home. (2) Live with different people and focus on the best of both worlds. (3) How can industry continue mining and producing asbestos-based materials?
HISTORY	The introduction of industrialized building materials.
GEOGRAPHY	Earthquake zones around the world.
MATHEMATICS	(1) Sine and co-sine. (2) Tangent and integration needed in construction.
LIFE STYLE	Housing in reinforced concrete or living in buildings constructed of natural building materials.
SOCIOLOGY	(1) Imitating the rich. (2) Tolerance towards different life styles such as homosexuality.
PSYCHOLOGY	(1) What are the symbols of poverty in the mind of the poor? (2) Power to be your own boss. (3) Accepting differences.
SYSTEMS	(1) Natural systems are capable of responding to their basic needs. (2) How to use natural renewable materials sustainably?

Inteligencia Emocional

BAMBÚ

El bambú está muy triste, la posición que una vez sostuvo al ser el proveedor clave de material de construcción para la gente ha sido socavada por una nueva competencia. Al principio el bambú ni siquiera quiere escuchar la lógica superior del arboloco. Pero lentamente los consecutivos y amigables argumentos del arboloco adquieren sentido y el bambú supera el bloqueo emocional que lo caracterizó al comienzo. En un principio, el bambú se dejó dominar por sus emociones, pero luego pudo empezar a manejarlas mejor y la frustración se convirtió en autorrealización, incluso más tarde ésta se convirtió en alegría por la nueva asociación con el cemento. El impulso retardado fue importante, ya que permitió que el arboloco demostrara la técnica de trabajo en equipo, resaltara las diferencias, y luego mostrara cómo esas diferencias entre ambos pueden ser combinadas para crear un nuevo tipo de fuerza. El nuevo tipo de fuerza era algo que ni el bambú ni el cemento pudieron haber imaginado. El arboloco logra convertir el rechazo hacia el otro en respeto por el otro.

ARBOLOCO

El arboloco es el que tiene la posición menos envidiable. Él conoce su rol limitado en los negocios de la construcción, pero es consciente de que este modesto rol le permite unir dos competidores sin que uno sea amenaza para el otro. El notable rol del arboloco es ser el menos respetado, pero el que es exactamente capaz de salvar las diferencias fundamentales entre dos compañeros clave para lograr el aseguramiento de la calidad de la construcción. El bambú no se toma tiempo para evaluar la situación del arboloco, y éste no realiza ningún intento para aclarar su propio aprieto, él mismo lo está afrontando. Es sorprendente cómo el arboloco observó la realidad de las construcciones de bambú y cómo logró llevar un argumento a otro. El reproche del bambú no desmotiva al arboloco, quien está muy decidido a continuar con su esfuerzo hasta triunfar.

Artes

El diseño de un edificio puede ser la mezcla de materiales naturales y artificiales. Existe cemento y bambú, pero los materiales más abundantes hoy en día son las botellas y las latas vacías nunca recicladas. Así, un equipo podría hacer una casa modelo usando latas, y otro equipo podría hacer lo mismo utilizando botellas PET.

Emotional Intelligence

BAMBOO

The bamboo is very sad, the position it once held as being the key supplier of building material to the people has been undermined by competition. At first the bamboo does not even want to listen to the logic advanced by the arboloco. But slowly the consecutive and friendly arguments of the arboloco are making sense and the bamboo overcomes the emotional blockage that characterized the bamboo at first. In the beginning the bamboo let it's emotions dominate, but then the bamboo began to manage its emotions better and the frustration converted it self into self-realization. Later this even turned into some joy in this found partnership with the cement. The delay impulse was important, since it permitted the arboloco to show the technique of working together, highlighting the differences, and then showing how the differences between them could be combined to create a new type of strength. The new strength was something that neither the bamboo nor the cement could ever have imagined on their own. The arboloco succeeds in converting a rejection of the other into a respect for the other.

ARBOLOCO

The arboloco is the one who has the least enviable position. The arboloco knows its limited role in the building business, but is aware that exactly that modest role permits it to bring the two competitors together without being a threat to either one. The remarkable role played by the arboloco is the one of the least respected, but that is exactly the one that is able to bridge the fundamental dislike between the two key partners in this drive to produce quality building materials. The bamboo does not take time to assess the situation of the arboloco, and the arboloco is not making an attempt to clarify its own predicament, it is self-effacing. It is remarkable how the arboloco observed the reality of bamboo buildings, and how it succeeds in bringing one argument to the other. The rebuke by the bamboo does not demotivate the arboloco who is quite determined to proceed with its effort until it succeeds.

Arts

The design of a building can be a mixture of natural and artificial materials. There is cement and there is bamboo. There is also a most abundant material these days - empty bottles and empty cans that don't get recycled. One team could make a model of a house using cans, and another team could make a model of a house using PET bottles.

Sistemas: Haciendo Conexiones

El bambú es un excelente material de construcción. Pero puede ser mejor si es usado en combinación con otros materiales que han surgido con la modernización. La pregunta es cómo la combinación de todas estas opciones puede contribuir a un mejoramiento significativo de las condiciones de vida de aquellos que necesitan una casa a bajos precios y con mejor calidad. Así como las especies en los sistemas naturales cooperan con el fin de fortalecer el ecosistema y por ende fortalecerse a sí mismos, hay una necesidad de mirar la vivienda como artefactos creados por el ingenio humano. Es la combinación de muchos componentes que, como el bambú, no pueden sobrevivir por sí solos. Dado que el trabajo en equipo es mucho mejor, también es mejor usar cemento y bambú o cemento y acero en combinación. Del mismo modo, cemento y acero, usados separadamente, no pueden lograr la misma belleza que se puede obtener usando bambú, especialmente cuando es utilizado de una manera estética que los arquitectos pueden conseguir.

Capacidad de Implementación

La tarea más difícil es construir un tejado (tierra cruda). Toma tierra e intenta crear un tejado. ¿Cuáles son los sistemas que tú puedes imaginar, sin nunca haber estudiado arquitectura, que podrían ayudar a crear un tejado? Ten en cuenta que el tejado estará expuesto a mucho sol y mucha lluvia.¿Qué podrías hacer al respecto?

Systems: Making the Connections

Bamboo is an excellent building material. But it can be even better if it is used in combination with other materials. The question is not either/or, the question is how the combination of all options can contribute to a dramatic improvement in the living conditions of those in need of housing at low cost and of good quality. Just like species in the natural systems cooperate in order to strengthen the ecosystem and at the same time are able to strengthen themselves, there is a need to look at housing as artifacts created by human ingenuity. It is the combination of many components that, like the bamboo, cannot really survive on their own. Like the joints that are much better if one uses cement and bamboo or cement and steel. Similarly, steel and concrete alone cannot achieve the beauty that can be obtained by using bamboo, especially when it is used in an esthetic way like architects can achieve.

Capacity to Implement

The most difficult task is to build a roof. Take simple earth and try to create a roof. What are the systems that you can imagine, without ever having studied architecture, that can help you create a roof? Keep in mind that the roof will either be exposed to a lot of sun or it will be exposed to a lot of rain. What can you do about either one?

Esta fábula está inspirada en Luis Miguel Álvarez

Luis Miguel Álvarez es ingeniero agrícola, con maestría en ciencias de recursos filogenéticos. Actualmente es profesor de botánica taxonómica, botánica económica y recursos filogenéticos y director del herbario de la facultad de ciencias agropecuarias en la Universidad de Caldas, Manizales, Colombia.

Él ha escrito varios documentos y libros sobre el conocimiento, cultivo y aprovechamiento del arboloco *(Montanoa quadrangularis)*, los cuales reúnen información sobre esta especie de múltiples usos e importancia cultural para Colombia. Este árbol es valioso por sus fuertes raices para la protección del suelo, su tallo es útil para la construcción y como leña; además, sus hojas consumidas por los animales domésticos aportan importante proteína y sus flores atraen abejas. Además de estas cualidades, tiene otras que son muy importantes para el ecosistema en la regulación del agua, la fijación de anhídrido carbónico, el ciclo de nutrientes del suelo y el incremento de la materia orgánica disponible para otras plantas. Su médula, que es como un corcho blanco ha sido usada como elemento para elaborar estatuillas artesanales. Hoy en día es sujeto de investigación para elaborar aislantes térmicos y sonoros, particularmente en refrigeradores y cámaras amortiguadoras del sonido. También se está investigando para artículos tan innovadores como las telas de matriz de soporte aplicables a diversos usos en electrónica.

Actualmente se encuentra realizando, algunos proyectos relacionados con los temas antes mencionados y dirigiendo el herbario de la Universidad de Caldas, donde se lleva a cabo la determinación de la estructura y composición florística del departamento de Caldas, lo cual busca, además del inventario de la flora y la descripción de los ecosistemas, poner a disposición información sobre las posibilidad del desarrollo de la biodiversidad de la zona de interés. Es también asesor en los procesos de investigación para el desarrollo de la actividad forestal y el manejo de zonas protegidas en el Departamento de Caldas.

WEB

* www.ciagrope.tripod.com/agrono2.html
* www.zeri.org/pavilion/grow3.htm
* www.recintodelpensamiento.com/